特色农产品质量安全管控"一品一策"丛书

枇杷全产业链质量安全风险管控手册

戴 芬 朱作艺 主编

中国农业出版社

北 京

编 写 人 员

主　　编　戴　芬　朱作艺

副 主 编　蔡永泉　郭　璟　廖琳慧

编写人员　（按姓氏笔画排序）

朱作艺　江云珠　李　艳　李　真

胡心意　姚佳蓉　郭　璟　黄雯文

蔡永泉　廖琳慧　戴　芬

专家团队　陈俊伟　王　强　赵学平

插　　图　杭州出尘文化传媒有限公司

前　言

　　枇杷为蔷薇科、枇杷属植物，原产于中国，因叶片形似乐器"琵琶"而得名。枇杷有2 000多年的栽培历史，已经成为我国南方果树的重要树种。近年来，我国的枇杷种植业发展迅猛，影响力不断提高，在浙江、福建、广东、贵州、四川等地广泛种植，果实出口欧盟、东盟等地。枇杷是浙江省的特色水果，其果实初夏成熟，果肉柔软多汁，甜酸适度，风味独特，营养丰富，深受人们喜爱，是一种营养和经济价值均高的水果。

　　虽然枇杷的栽培面积不断扩大，品种更加多样化，产业发展也非常迅速，但是由于枇杷受环境因素影响大，尤其易遭受低温冻害；季节性强，采收期短，易受到机械伤害；雨水较多时，易出现裂果和落果，导致商品果率和果实品质显著下降，因此极大地影响了农民收益。同时，枇杷生产过程中农药超标准使用、滥用等情况时有发生，也存在一定的安全隐患。

2020 年以来，浙江省农业农村厅、浙江省财政厅联合开展了农业标准化生产示范创建（"一县一品一策"）工作，立足枇杷全产业链生产过程，在前期大量调查、试验和研究的基础上，围绕绿色、安全、优质的生产目标，集成枇杷全产业链质量安全风险管控技术，提出管控策略。根据枇杷"一县一品一策"的研究成果、标准化生产实践经验，综合运用卡通图片和简单文字编写完成《枇杷全产业链质量安全风险管控手册》一书。本书图文并茂，突出重点，力求内容科学实用，通俗易懂，适宜广大枇杷种植者和科技工作者参考使用，为指导枇杷绿色生产以及提升枇杷质量安全水平和品质提供技术支撑。

本书在编写过程中，汲取了同行专家的研究成果，参考了相关文献和数据，在此一并致以衷心的感谢。

由于编者水平有限，书中疏漏与不足之处在所难免，敬请广大读者批评指正。

编　者

2023 年 3 月 15 日

目　　录

一、枇杷的营养价值

枇杷果实营养丰富，每 100 g 枇杷果肉中含蛋白质 0.8 g、糖类 9.3 g、膳食纤维 0.8 g、钙 17 mg、磷 8 mg、铁 1.1 mg。枇杷果实中含有丰富的果糖、葡萄糖、山梨醇、苹果酸、柠檬酸等。同时，含有丰富的维生素和微量元素，以及酚酸和黄酮类化合物等特征性营养成分，是一种营养和经济价值均高的水果。枇杷叶、花、核中含有大量皂苷类、萜类、酚类和黄酮类等生物活性成分，具有消炎、降血糖、抗氧化、止咳平喘等功效。中医认为，枇杷性味甘、酸、凉，入脾经、肺经、肝经，具有润肺止咳、和胃降逆功效，适用于治疗肺痿咳嗽、暑热声嘶、呕吐呃逆等。春、夏常食枇杷，可滋阴养肺、润燥止咳、增强肺功能。

二、枇杷的生产流程

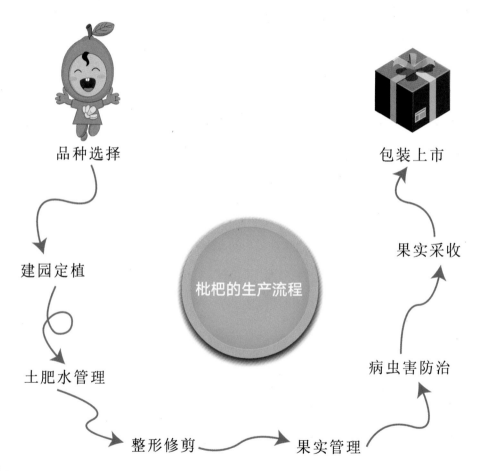

品种选择

包装上市

建园定植

果实采收

枇杷的生产流程

土肥水管理

病虫害防治

整形修剪   果实管理

三、枇杷质量安全潜在风险隐患

1. 农药残留

枇杷生产中潜在农药残留危害的原因：一是农药使用不科学、不规范；二是部分农药存在添加隐性成分现象。

2. 重金属污染

镉等重金属可能通过土壤、肥料等途径污染枇杷，容易使枇杷植株内糖类代谢紊乱，生长发育受影响，从而影响枇杷质量。

3.病原微生物污染

枇杷成熟时会吸引鸟类、虫类，它们会破坏枇杷表皮，存在病原微生物侵害的可能。

四、枇杷生产的关键控制点及风险管控措施

1. 园地选择

选择园地时，应选择生态环境良好、水源充足、排水性良好、土层深厚肥沃、交通方便的地块。其中，山地宜选择坡度25°以下，平原宜选择地下水位1 m以下、土壤pH 5.0 ~ 8.0的沙质壤土作为枇杷的生产基地。种植区域的年平均气温应达到15℃以上，极端最低气温不低于−9℃，年降水量1 000 mm以上。

2. 园地规划

园地规划应充分考虑道路、排水、贮藏与包装场地等设施建设，且坡地应建梯田种植，平原地区应起垄或筑墩种植以防水淹，满足枇杷生产的需要。

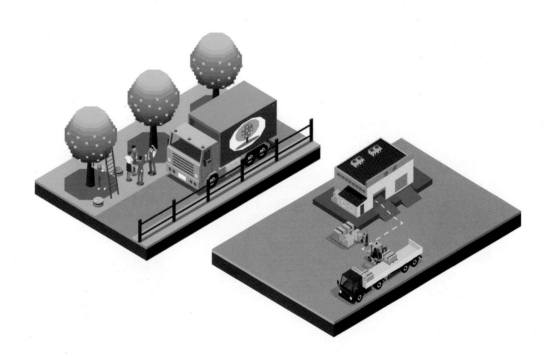

3. 品种选择

（1）品种选择。浙江省枇杷品种资源丰富，地方种植的种类繁多，但需要根据当地条件选择抗逆性强、丰产性好、品质优良的品种。枇杷早熟主栽品种是红沙类，有宝珠等。枇杷中晚熟主栽品种中白沙类主要有宁海白、软条白沙、太平白等；红沙类主要有大红袍、洛阳青、夹脚等。

（2）苗木选择。根据品种特性，宜选择检疫合格、色泽正常、根系完整、生长健壮、嫁接口愈合良好、无机械损伤、无病虫害的苗木。苗木按苗龄不同分为一年生苗和二年生苗；按苗高、茎粗，以及主根、叶数不同分为一级苗和二级苗。低于二级苗要求的苗木不得作为生产性商品苗出圃。

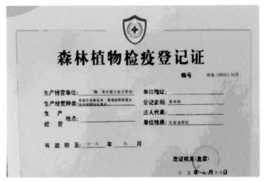

不同苗木质量等级见表1。

表1 不同苗木质量等级

项目	指标			
	一级苗		二级苗	
	一年生苗	二年生苗	一年生苗	二年生苗
苗高（cm）	≥40	≥60	≥30	≥40
茎粗（cm）	≥0.8	≥1.0	≥0.6	≥0.8
叶数（片）	≥10	≥15	≥7	≥10
主根（条）	≥4	≥4	≥3	≥3

4.栽培管理

土壤管理

可采取生草栽培、逐年深翻改土、增施有机肥等土壤管理措施。每年深翻扩穴，4～5年全园深翻一遍，并增施有机肥改土。当土壤 pH < 5.5 时，加碱性土壤调理剂调节。

定植

　　根据季节的不同，枇杷的定植时间春季宜在2—3月，秋季宜在10月上旬至11月上旬。山地种植密度为520 ～ 835株/hm²，平原种植密度为450 ～ 625株/hm²。定植采用的方式为定植穴，在种植前3个月，按行株距挖穴，长、宽均为100 cm，深为80 cm，；穴底放粗枝秸秆及经改良过的熟土；穴内填入周围表土，筑墩，墩高为40 cm，墩底直径为1.2 m，并且灌水，等待定植。苗木放入定植穴中间，扶正苗木，用四周熟化的表土进行培土，以露出嫁接口为宜，培土后踏实，浇足定根水。

施肥管理

应充分满足枇杷对各种营养元素的需求，多施有机肥，氮磷钾及中、微量元素肥配合施用。施肥量由土壤肥力、树龄及目标产量确定。有机肥沿树冠滴水线挖沟施用，施肥后覆土；速效肥以环状或放射状沟施用为宜，如采用撒施，应松土混匀。有条件的可用水肥一体化设施施肥。微量元素、营养调节剂等宜采用叶面喷施。

根据不同树龄选择不同施肥方案。

（1）幼龄树。在生长季节施肥5～6次，每株施高氮、低磷、中钾复合肥0.1～0.2 kg。

（2）结果树。应根据枇杷结果量酌情施肥。2—3月施壮果肥，以高钾复合肥为主，速效肥占全年施肥量的30%～40%，每株施复合肥0.5～0.75 kg、硫酸钾0.25～0.5 kg。在果实膨大期喷施2～3次叶面肥（0.2%～0.4%磷酸二氢钾，并含钙、镁、硼、锌等），间隔10 d喷1次。6月初施采后肥，有机肥和化肥配施，速效肥占全年施肥量的30%～40%，每株施腐熟有机肥20～30 kg、复合肥0.5～0.75 kg。9—10月施花前肥，以有机肥为主，速效肥占全年施肥量的25%～30%，每株施腐熟有机肥25～40 kg、复合肥0.3～0.5 kg。

水分管理

1—2月低温天气，长时间干旱时要适当灌水以防止燥冻。9月至11月上中旬，适度干燥以延长花期。有积水时，应及时排水，定时清理排水沟。

5.整形及修剪

整形

通过抹芽、摘心、拉枝等，形成主干分层形，其3 ~ 4层，层间距60 ~ 80 cm。主枝数，第1、第2层各3 ~ 4个，第3、第4层各1 ~ 2个，全树共有主枝10 ~ 12个，各层主枝应分散错开，同层主枝均匀分布。

修剪时间

　　2—3月进行春剪；采果后1周内进行夏剪，夏梢抽生期进行抹芽摘梢；现蕾期结合疏蕾进行秋剪。

修剪方法

①抹芽。抽芽时应选留方向、位置适宜的芽，抹除多余的芽。

②疏剪。疏除树冠内的密枝、弱枝、重叠枝、交叉枝、徒长枝和无空间发展的多余枝组或衰弱大枝。疏枝时，要疏弱留强、疏向内枝留向外枝，3枝疏1枝、5枝疏2枝，疏剪树冠上重下轻、外重内轻。

③疏除结果枝。在有冻害的地区，可剪去顶部花穗。在无冻害的地区，对大年的结果枝疏除，全树所留结果枝与生长枝的比例为3∶2。发育枝过少的树，要剪去一部分结果枝上的花穗，翌年再成为结果枝；母枝上或结果枝上只有不足3片大叶的树，均属于弱枝，可自基部剪除；有一定空间或剪去后较空的树，可以留1～2个叶回缩；初结果或刚进入盛果期的树，树冠外围生长枝与结果枝之比是2∶1，而树冠内膛为1∶2或1∶(3～4)。

④短剪。一般结果枝留5～30cm进行短剪，顶夏梢结果枝留5～10cm进行短剪；侧夏梢结果枝向外的短剪要留长些，向两侧的短剪要留短些，一般以10～20cm为好。应做到树冠外围、上部轻剪长留，下部、内部重剪短留；强枝长留、弱枝短留。在剪口数量上做到树冠外围和上部多留、内部和下部少留。

⑤回缩。应对基部已开始光秃、枝梢已下垂、长势衰弱的结果枝组进行回缩，以回缩到能抽发健壮夏梢为准。剪后伤口的保护：应把伤口削平，涂上由生石灰8份、动物油（猪油等）1份、食盐1份和水40份配制而成的保护剂。

⑥幼龄树修剪。春剪配合选定树形，抹去多余萌芽或多余枝。夏剪通过抹芽、疏枝，保留2～3个侧枝，疏去多余的夏梢侧枝。

⑦结果树修剪。春剪疏除弱枝、密生枝和徒长枝。夏剪疏除密生枝，纤弱、病虫枝，以1个主梢、2个副梢配置为宜。秋剪疏除过密梢、生长不充实梢侧枝，侧枝留1～2个。修剪量每次控制在总枝量的10%～20%。

⑧衰老树修剪。对树体趋于衰弱、老化、大小年结果现象严重、内膛空虚的树，可采用"开天窗"的方法，在树冠中上部剪去2～3个直立枝序；对树冠外围的衰弱枝、密生枝、病虫枝视情况进行疏除或回缩复壮；对重度衰退树，可在主枝、副主枝上分次重短截，在2～3年内达到全树更新。

6. 花果管理

疏穗

10—11月，疏去弱小或早花的花穗，侧枝上有2～3个穗的应疏去1穗。树冠上部疏去1/2，上中部疏去1/3，中下部疏去1/4。疏穗量一般保留全树枝梢数的60%～70%。

疏蕾

10月至11月中旬，摘除早开花蕾，保留迟开花蕾。摘除花穗基部的2个支轴和总轴顶部的数个小支轴，保留花穗中部的3～4个支轴，或摘除总轴和支轴的前半部分。

疏果

3月中下旬，疏去冻坏果、密生果、病虫果及发育不良果。顶部多疏，中部多留，基本保留2～4个/穗。

套袋

在最后一次疏果后套袋，选用专用袋为宜，1穗1袋。套袋前喷1次杀菌剂、杀虫剂，药液干后套袋。套袋时注意袋口朝下，适当密封。

7. 病虫害防控

防治原则

 遵循"预防为主，综合防治"的原则，以果园生态建设为基础，结合农业防治、生物防治、物理防治等绿色防控措施，合理使用化学防治。

农业防治

　　加强肥水管理，合理密植与修剪，做好冬季清园；提倡生草栽培，改善果园生态环境。

物理防治

　　采用频振式杀虫灯、色板、物理诱黏剂、糖醋液等诱杀害虫；天牛成虫盛发期，人工扑杀成虫。宜在疏果后用专用袋纸套袋。设施栽培枇杷可在两棚中间和四周安装防护网，防止鸟类、蜂类等食害。

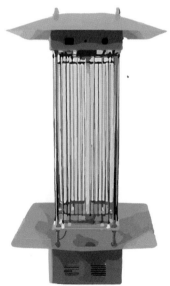

频振式杀虫灯

生物防治

采用性信息素等诱杀害虫；使用性迷向素减少梨小食心虫危害；保护瓢虫、草蛉、捕食螨等天敌；人工引进、繁殖释放天敌，利用天敌控制虫害的发生，提倡使用生物农药。

化学防治

根据主要病虫的发生情况，合理合规使用农药，严格掌握施药剂量（或浓度）、施药次数和安全间隔期，提倡交替轮换使用不同作用机理的农药。

枇杷主要病虫害防治用药推荐见表2。

表2 枇杷主要病虫害防治用药推荐

防治对象	农药通用名	制剂	每亩*制剂用量	使用时期	使用方法	每季使用最多次数	安全间隔期(d)
花腐病	丙环唑	25%乳油	500~750倍液	花蕾期及开花前后	发病前或初期均匀喷雾	2	42
	戊唑醇	25%水乳剂	3 000~4 000倍液			3	14
	异菌脲	255 g/L悬浮剂	425~625倍液			2	14
炭疽病	戊唑醇	25%水乳剂	3 000~4 000倍液	抽梢期、花蕾期、幼果期及果实膨大期,发病前或初出现病斑时	叶片正反两面、茎杆和果穗上均匀喷雾	3	14
	嘧菌酯	250 g/L悬浮剂	800~1 000倍液		发病初期均匀喷雾	3	21
叶斑病	喹啉·戊唑醇	36%悬浮剂	800~1 200倍液	春、夏、秋季新梢抽发期	发病初期均匀喷雾	2	21
	井冈·丙环唑	24%可湿性粉剂	1 000~1 500倍液			2	14

---

* 亩为非法定计量单位,1亩≈666.67m²。——编者注

（续）

防治对象	农药通用名	制剂	每亩*制剂用量	使用时期	使用方法	每季使用最多次数	安全间隔期(d)
叶斑病	异菌脲	255 g/L悬浮剂	425~625倍液			2	14
胡麻叶斑病	井冈·丙环唑	24%可湿性粉剂	1 000~1 500倍液	春、夏、秋季新梢抽发期	发病初期均匀喷雾	2	14
	丙环唑	25%乳油	500~750倍液			2	42
枝枯病	氟菌·肟菌酯	43%悬浮剂	1 500~3 000倍液	夏、秋季	发病初期均匀喷雾	2	28
毛虫	甲氨基阿维菌素苯甲酸盐	0.5%微乳剂	500~2 000倍液	6—9月夏秋梢生长期，虫卵孵化期至低龄幼虫盛发期	全株叶片均匀喷雾	3	7
	苏云金杆菌	8 000 IU/mg可湿性粉剂	400~500倍液			—	—
介壳虫	矿物油	95%乳油	50~60倍液	低龄若虫期	树冠喷雾		

注：国家新禁用的农药自动从该清单中删除，推广以菌治虫、以虫治虫，提倡使用生物农药。

8.采收包装

采收时间

应在晴天气温较低时或阴天进行，避开雨天、露（雨）水未干和高温时段。

采收方法

　　手执果梗，不触碰果实，轻摘轻放，果梗长度宜留1.5 cm。放于4～5层纸或柔软衬垫的周转箱内，在阴凉、通风的场所存放，田间停留不宜超过4 h。

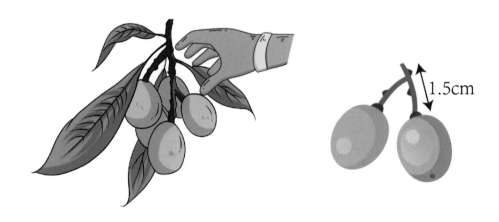

1.5cm

采收作业

　　采收时，操作者应穿着干净的工作服及佩戴采摘用手套。工作服及手套等若脏了应随时洗涤，晒干后置于清洁处保存。有感冒、腹泻、呕吐等症状的人员不能参与枇杷采收。

包装

　　采用包果纸、泡沫网包装后以盒装或托盘再包装。装盒时枇杷排列整齐，果柄斜放，果实摆放紧密而不松动。

9. 贮运

（1）贮藏温度宜为 3 ～ 5 ℃，相对湿度宜为85% ～ 90%，不宜靠近蒸发器及冷风出口处，冷藏贮藏期以 7 d 内为宜。

（2）装卸时轻拿轻放，减少颠簸，宜采用冷链运输。

相对湿度
85% ～ 90%

3 ～ 5 ℃

五、产品检验

采收前应进行检验，可委托有资质的单位检验或自行检验。检验合格后方可上市销售。检验报告至少保存2年。

合格证

枇杷上市销售时，生产者应出具食用农产品合格证（合格证内容应含追溯码、"三品一标"获得的标识等）。

食用农产品合格证

食用农产品名称：

数量（重量）：

生产者盖章或签字：

联系方式：

产地：

开具日期：

我承诺对产品质量安全以及合格证真实性负责：

□不使用禁限用农药兽药

□不使用非法添加物

□遵守农药安全间隔期、兽药休药期规定

□销售的食用农产品符合农药兽药残留食品安全国家标准

六、质量分等

枇杷质量应符合以下基本要求：外观新鲜、完好，充分发育，具有各品种应有特征；无腐烂和变质果实，无严重刺伤、划伤、压伤、擦伤等机械伤；无病虫伤、严重萎蔫、日烧、裂果及其他畸形果；洁净、无异味；无可见异物；无异常外来水分。在符合基本要求的前提下，新鲜枇杷分为特等、一等和二等。各等级应符合表3的规定。

表3 枇杷果实质量分等规格

要求	特等	一等	二等
果形	无畸形果，果形端正，大小均匀一致	无畸形果、果形较一致	无明显畸形果
果面色泽	具该品种固有色泽，色泽鲜艳，着色均匀，无锈斑	具该品种固有色泽，着色较好，锈斑面积不超过果面的5%	具该品种固有色泽，着色较均匀，锈斑面积不超过果面的10%
果肉色泽	具该品种固有肉色	具该品种肉色	与该品种固有果肉色泽无明显差异

（续）

要求	特等	一等	二等
果面缺陷	不应有日烧、裂果、萎蔫及其他果面缺陷	无日烧、无裂果、无萎蔫及其他果面缺陷	允许有轻微萎蔫，无日烧，不得有明显裂果
可溶性固形物	白肉枇杷≥15% 红肉枇杷≥13%	白肉枇杷≥13% 红肉枇杷≥12%	白肉枇杷≥12% 红肉枇杷≥11%
可滴定酸		≤0.6%	

　　枇杷规格应根据新鲜的单果质量来划分，具体应符合表4的要求。

表4　枇杷果实大小分级规格（g）

规格	A	B	C	D
红肉枇杷	≥50.0	40～50	30～40	≤30.0
白肉枇杷	≥40.0	30～40	20～30	≤20.0

七、生产记录

种植者应建立枇杷种植生产过程中各个环节的有效记录，详细记录主要农事活动，尤其是农药和肥料的使用情况需特别注意，如主要成分、产品登记号、使用日期、使用量、使用方法、使用人员等，枇杷生产园地农业投入品使用记录见表5。

生产过程中各个环节的有效记录档案应保留两年以上。

表5 枇杷生产园地农业投入品使用记录

使用日期	地号	面积（亩）	农业投入品名称		使用量（kg/亩）	稀释倍数	防治对象	施用人	备注
			主要成分	登记证号					

八、产品追溯

应建立农业投入品购买、田间操作和产品销售等生产记录台账。应用"浙农码"等现代信息技术和网络技术，建立追溯信息体系。

九、产品认证

绿色食品

绿色食品，是指遵循可持续发展原则，按照特定生产方式生产，经专门机构认定，许可使用绿色食品标志，无污染的安全、优质、营养类食品。

农产品地理标志

　　农产品地理标志，是指标示农产品来源于特定地域，产品品质和相关特征主要取决于自然生态环境和历史人文因素，并以地域名称冠名的特有农产品标志。

有机食品

　　有机食品，是指来自有机农业生产体系，根据有机农业生产要求和相应的标准生产加工，并通过合法的有机食品认证机构认证，允许使用有机食品标志的农副产品及其加工品。

良好农业规范（GAP）

良好农业规范，简称"GAP"（Good Agricultural Practice），是一种适用方法和体系，通过经济的、环境的和社会的可持续发展措施，来保障食品安全和食品质量。

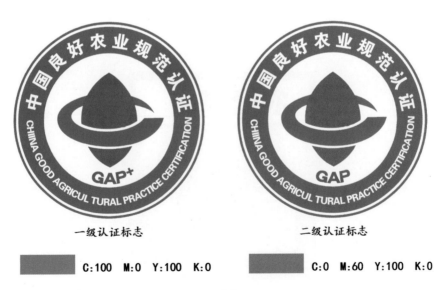

一级认证标志　　　　　　　　二级认证标志

C:100　M:0　Y:100　K:0

C:0　M:60　Y:100　K:0

色标

十、农资管理

一要看证照。要到经营证照齐全、经营信誉良好的合法农资商店购买。不要从流动商贩或无证经营的农资商店购买。

　　二要看标签。要认真查看产品包装和标签标识上的农药名称、有效成分及含量、农药登记证号、农药生产许可证号或农药生产批准文件号、产品标准号、企业名称及联系方式、生产日期、产品批号、有效期、用途、使用技术和使用方法、毒性等事项，查验产品质量合格证。不要盲目轻信广告宣传和商家推荐。

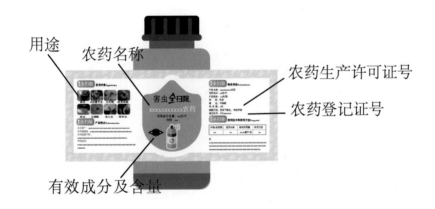

三要索要票据。要向经营者索要销售凭证，并连同产品包装物、标签等妥善保存好，以备出现质量等问题时作为索赔依据。不要接受未注明品种、名称、数量、价格及销售者的字据或收条。

农资存放

农药和肥料存放时分门别类。

存放农药的地方须上锁，使用后剩余农药应保存在原来的包装容器内。

空农药瓶、农药袋、施药后剩余药液等进行集中处理。

农药使用

为保障操作者身体安全，特别是预防农药中毒，操作者作业时须穿戴保护装备，如帽子、保护眼罩、口罩、手套、防护服等。

身体不舒服时，不宜喷洒农药。

喷洒农药后，如出现呼吸困难、呕吐、抽搐等症状应及时就医，并准确告诉医生所喷洒农药的名称及种类。

附　　录

附录1　农药基本知识

杀 虫 剂

主要用来防治农、林、卫生、储粮等方面的害虫。

杀 菌 剂

对植物体内的真菌、细菌或病毒等具有杀灭或抑制作用，用以预防或防治作物的各种病害的药剂。

除 草 剂

用来杀灭或控制杂草生长的农药。

植物生长调节剂

人工合成的或具有和天然植物激素相似生长发育调节作用的有机化合物。

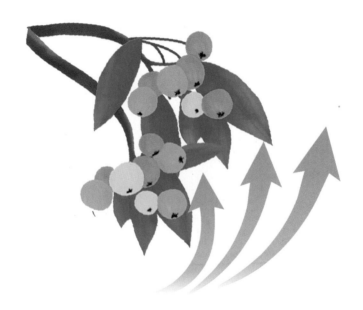

农药毒性分级及其标识

农药毒性分为剧毒、高毒、中等毒、低毒、微毒5个级别。

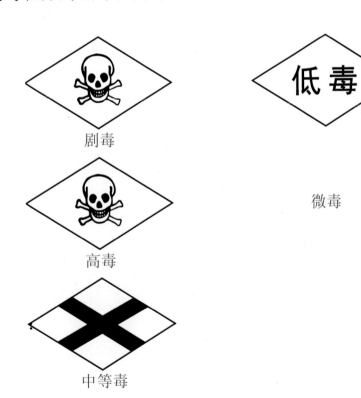

剧毒

低毒

高毒

微毒

中等毒

安全使用农药象形图

象形图应当根据产品实际使用的操作要求和顺序排列，包括贮存象形图、操作象形图、忠告象形图、警告象形图。

贮存象形图	放在儿童接触不到的地方，并加锁		
操作象形图	配制液体农药时	配制固体农药时	喷药时
忠告象形图	戴手套	戴防护罩	戴防毒面具
	用药后需清洗	戴口罩	穿胶靴
警告象形图	危险/对家畜有害	危险/对鱼有害，不要污染湖泊、池塘和小溪	

附录2　枇杷上禁止使用的农药清单

《中华人民共和国食品安全法》第四十九条规定："禁止将剧毒、高毒农药用于蔬菜、瓜果、茶叶和中草药材等国家规定的农作物。"第一百二十三条规定："违法使用剧毒、高毒农药的，除依照有关法律、法规规定给予处罚外，可以由公安机关依照规定给予拘留。"根据相关法规，枇杷上禁用的农药名录如下：

六六六、滴滴涕、毒杀芬、艾氏剂、狄氏剂、除草醚、二溴乙烷、杀虫脒、敌枯双、二溴氯丙烷、汞制剂、砷、铅、氟乙酰胺、毒鼠强、氟乙酸钠、甘氟、毒鼠硅、甲胺磷、甲基对硫磷、对硫磷、久效磷、磷胺、苯线磷、地虫硫磷、甲基硫环磷、磷化钙、磷化镁、磷化锌、硫线磷、蝇毒磷、治螟磷、特丁硫磷、氯磺隆、甲磺隆、胺苯磺隆、福美肿、福美甲肿、百草枯水剂、甲拌磷、甲基异柳磷、内吸磷、灭线磷、硫环磷、氯唑磷、涕灭威、克百威、水胺硫磷、灭多威、氧乐果、乐果、杀扑磷、氟虫腈、氯化苦、三氯杀螨醇、溴甲烷、丁酰肼（比久）、乙酰甲胺磷、丁硫克百威、硫丹。

附录3　我国枇杷上农药最大残留限量

序号	名称	限量（mg/kg）	限量登记作物
1	苯丁锡	5	枇杷
2	苯醚甲环唑	0.5	枇杷
3	丙森锌	5	枇杷
4	除虫脲	5	枇杷
5	代森铵	5	枇杷
6	代森联	5	枇杷
7	代森锰锌	5	枇杷
8	毒死蜱	1	枇杷
9	多菌灵	3	枇杷
10	福美双	5	枇杷
11	福美锌	5	枇杷
12	甲氨基阿维菌素苯甲酸盐	0.05	枇杷

（续）

序号	名称	限量（mg/kg）	限量登记作物
13	甲氰菊酯	5	枇杷
14	腈菌唑	0.5	枇杷
15	克菌丹	15	枇杷
16	氯苯嘧啶醇	0.3	枇杷
17	氯吡脲	0.05	枇杷
18	氯氟氰菊酯和高效氯氟氰菊酯	0.2	枇杷
19	醚菌酯	0.2	枇杷
20	嘧菌环胺	2	枇杷
21	嘧菌酯	2	枇杷
22	噻虫嗪	0.3	枇杷
23	双甲脒	0.5	枇杷
24	四螨嗪	0.5	枇杷
25	肟菌酯	0.7	枇杷
26	戊唑醇	0.2	枇杷

（续）

序号	名称	限量（mg/kg）	限量登记作物
27	辛硫磷	0.05	枇杷
28	溴螨酯	2	枇杷
29	异菌脲	5	枇杷
30	抑霉唑	5	枇杷
31	唑螨酯	0.3	枇杷
32	2,4-滴和2,4-滴钠盐	0.01	仁果类水果
33	百草枯	0.01	仁果类水果
34	倍硫磷	0.05	仁果类水果
35	苯嘧磺草胺	0.01	仁果类水果
36	苯线磷	0.02	仁果类水果
37	吡噻菌胺	0.4	仁果类水果
38	草铵膦	0.1	仁果类水果
39	草甘膦	0.1	仁果类水果
40	虫酰肼	1	仁果类水果

（续）

序号	名称	限量（mg/kg）	限量登记作物
41	敌百虫	0.2	仁果类水果
42	敌草快	0.02	仁果类水果
43	敌敌畏	0.2	仁果类水果
44	地虫硫磷	0.01	仁果类水果
45	丁氟螨酯	0.4	仁果类水果
46	啶虫脒	2	仁果类水果
47	对硫磷	0.01	仁果类水果
48	多果定	5	仁果类水果
49	二嗪磷	0.3	仁果类水果
50	二氰蒽醌	1	仁果类水果
51	粉唑醇	0.3	仁果类水果
52	伏杀硫磷	2	仁果类水果
53	氟苯虫酰胺	0.8	仁果类水果
54	氯苯脲	1	仁果类水果

（续）

序号	名称	限量（mg/kg）	限量登记作物
55	氟吡甲禾灵和高效氟吡甲禾灵	0.02	仁果类水果
56	氟吡菌酰胺	0.5	仁果类水果
57	氟虫腈	0.02	仁果类水果
58	氟啶虫胺腈	0.3	仁果类水果
59	氟硅唑	0.3	仁果类水果
60	氟酰脲	3	仁果类水果
61	氟唑菌酰胺	0.9	仁果类水果
62	咯菌腈	5	仁果类水果
63	甲胺磷	0.05	仁果类水果
64	甲拌磷	0.1	仁果类水果
65	甲苯氟磺胺	5	仁果类水果
66	甲基对硫磷	0.01	仁果类水果
67	甲基硫环磷	0.03	仁果类水果
68	甲基异柳磷	0.01	仁果类水果

（续）

序号	名称	限量（mg/kg）	限量登记作物
69	甲霜灵和精甲霜灵	1	仁果类水果
70	甲氧虫酰肼	2	仁果类水果
71	腈苯唑	0.1	仁果类水果
72	久效磷	0.03	仁果类水果
73	抗蚜威	1	仁果类水果
74	克百威	0.02	仁果类水果
75	联苯肼酯	0.7	仁果类水果
76	联苯三唑醇	2	仁果类水果
77	磷胺	0.05	仁果类水果
78	硫环磷	0.03	仁果类水果
79	硫线磷	0.02	仁果类水果
80	螺虫乙酯	0.7	仁果类水果
81	螺螨酯	0.8	仁果类水果
82	氯虫苯甲酰胺	0.4	仁果类水果

（续）

序号	名称	限量（mg/kg）	限量登记作物
83	氯菊酯	2	仁果类水果
84	氯氰菊酯和高效氯氰菊酯	0.7	仁果类水果
85	氯唑磷	0.01	仁果类水果
86	嘧霉胺	7	仁果类水果
87	灭多威	0.2	仁果类水果
88	灭线磷	0.02	仁果类水果
89	内吸磷	0.02	仁果类水果
90	氰戊菊酯和S-氰戊菊酯	0.2	仁果类水果
91	噻草酮	0.09	仁果类水果
92	噻虫胺	0.4	仁果类水果
93	噻虫啉	0.7	仁果类水果
94	噻菌灵	3	仁果类水果
95	噻螨酮	0.4	仁果类水果
96	杀草强	0.05	仁果类水果

（续）

序号	名称	限量（mg/kg）	限量登记作物
97	杀虫脒	0.01	仁果类水果
98	杀螟硫磷	0.5	仁果类水果
99	杀扑磷	0.05	仁果类水果
100	水胺硫磷	0.01	仁果类水果
101	特丁硫磷	0.01	仁果类水果
102	涕灭威	0.02	仁果类水果
103	戊菌唑	0.2	仁果类水果
104	溴氰虫酰胺	0.8	仁果类水果
105	亚胺硫磷	3	仁果类水果
106	氧乐果	0.02	仁果类水果
107	乙基多杀菌素	0.05	仁果类水果
108	乙螨唑	0.07	仁果类水果
109	乙酰甲胺磷	0.02	仁果类水果
110	蝇毒磷	0.05	仁果类水果

（续）

序号	名称	限量（mg/kg）	限量登记作物
111	治螟磷	0.01	仁果类水果
112	艾氏剂	0.05	仁果类水果
113	滴滴涕	0.05	仁果类水果
114	狄氏剂	0.02	仁果类水果
115	毒杀芬	0.05	仁果类水果
116	六六六	0.05	仁果类水果
117	氯丹	0.02	仁果类水果
118	灭蚁灵	0.01	仁果类水果
119	七氯	0.01	仁果类水果
200	异狄氏剂	0.05	仁果类水果

注：引自《食品安全国家标准　食品中农药最大残留限量》（GB 2763—2021）。

主 要 参 考 文 献

陈俊伟，孙钧，李晓颖，等，2017. 白肉枇杷晚花避冻栽培技术探讨[J]. 浙江农业科学，58(3): 417-419, 425.

范国良，鲍有土，卢建军，等，2008. 枇杷优质高效无公害生产技术[J]. 现代农业科技(21): 43-45.

方海涛，2013. 浙南地区高品质枇杷栽培关键技术要点[J]. 中国园艺文摘，13:161-163.

冯健君，赵永康，李永飞，等，2010. '宁海白'枇杷有机生产技术[J]. 中国园艺文摘(26): 146.

林顺权，2019. 新中国果树科学研究70年——枇杷[J]. 果树学报，36(10): 1421-1428.

罗吉庆，张永杰，江丽慧，等，2021. 枇杷营养价值和功能价值的应用研究[J]. 农产品加工(2): 83-87.

毛金林，陈杭君，陈文炟，等，2006. 枇杷鲜态贮运保鲜技术规程[J]. 浙江农业科学(4): 372-375.

乔勇进，王海宏，方强，等，2006. 枇杷贮藏保鲜技术研究与展望[J]. 保鲜与加工(5): 1-4.

丘志海, 范映珍, 李汉清, 2010. 枇杷冻害防治技术 [J]. 农技服务, 27(2): 229.

邵银仙, 2008. 枇杷的栽培管理技术 [J]. 农技服务, 25(6):96.

巫超莲, 植玉蓉, 2005. 枇杷虫害综合防制措施 [J]. 农业科技通讯 (3): 16.

张启, 2020. 枇杷生态高效栽培技术 [J]. 浙江林业 (12): 20.